LOCUS

LOCUS

LOCUS

LOCUS

領導者。這個「者」是多數，各部門的主管都是領導者。

——施振榮

# 如何激勵一個夢幻團隊？

## 培養人才的條件與環境

施振榮 著

蔡志忠 繪

# 總序

《領導者的眼界》系列，共十二本書。
針對知識經濟所形成的全球化時代，十二個課題而寫。
其中累積了宏碁集團上兆台幣的營運流程，以及孫子兵法的智慧。
十二本書可以分開來單獨閱讀，也可以合起來成一體系。

## 施振榮

　　這個系列叫做《領導者的眼界》，共十二本
書，主要是談一個企業的領導者，或者有心要成為
企業領導者的人，在知識經濟所形成的全球化時
代，應該如何思維和行動的十二個主題。

　　這十二個主題，是公元二○○○年我在母校交
通大學EMBA十二堂課的授課架構改編而成，它彙
集了我和宏碁集團二十四年來在全球市場的經營心
得和策略運用的精華，富藏無數成功經驗和失敗教
訓，書中每一句話所表達的思維和資訊，都是真槍
實彈，繳足了學費之後的心血結晶，可說是累積了

台幣上兆元的寶貴營運經驗，以及花費上百億元，
經歷多次失敗教訓的學習成果。

除了我在十二堂EMBA課程所整理的宏碁集團
的經驗之外，《領導者的眼界》十二本書裡，還有
另外一個珍貴的元素：孫子兵法。

我第一次讀孫子兵法在二十多年前，什麼機緣
已經不記得了；後來有機會又偶爾瀏覽。說起來，
我不算一個處處都以孫子兵法為師的人，但是回想
起來，我的行事和管理風格和孫子兵法還是有一些
相通之處。

其中最主要的，就是我做事情的時候，都是從
比較長期的思考點、比
較間接的思考點來出
發。一般人可能沒這個
耐心。他們碰到問題，
容易從立即、直接的反

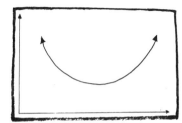

應來思考。立即、直接的反應，是人人都會的，長期、間接的反應，才是與眾不同之處，可以看出別人看不到的機會與問題。

和我共同創作《領導者的眼界》十二本書的人，是蔡志忠先生。蔡先生負責孫子兵法的詮釋。過去他所創作的漫畫版本孫子兵法，我個人就曾拜讀，受益良多。能和他共同創作《領導者的眼界》，覺得十分新鮮。

我認為知識和經驗是十分寶貴的。前人走過的錯誤，可以不必再犯；前人成功的案例，則可做為參考。年輕朋友如能耐心細讀，一方面可以掌握宏碁集團過去累積台幣上兆元的寶貴營運經驗，一方面可以體會流傳二千多年的孫子兵法的精華，如此做為個人生涯成長和事業發展的借鏡，相信必能受益無窮。

Think!

# 目錄

# 前言

- 面對各種不同的任務，可能就需要有各種特質的組織，
  才會比較容易發揮功效。
- 組織的任務是愈來愈多元化、愈來愈廣泛，
  所以，組織的發展也要配合它。

實質上，組織和人力資源的開發，是一個大學問。因為有太多的事情，都是靠組織來達成任務，而不是一個人來做；所以，面對各種不同的任務，可能就需要有各種特質的組織，才會比較容易發揮功效。此外，為了要勝任那些任務，當然需要去訓練那些人力，不斷地去開發更多的人力資源。

尤其現在外界環境變化很快，組織的業務越來越多，任務越來越多，組織也不斷地在調整；所以，過去我有提到「虛擬夢幻團隊」的思考模式，都是跟人力與

組織多少有關的。過去，當然對於組織的想法是比較傳統的，但是，最近尤其對網路性的組織，大家的探討是越來越多；主要是因為，組織的任務是愈來愈多元化、愈來愈廣泛，所以，組織的發展也要配合它。

除了目前的智慧手機、遊戲機、家電、電腦之外
數位傳輸的科技還可以創新出甚麼生活必需商品呢？

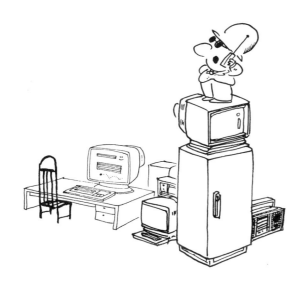

# 各種組織型態

- 穩固 vs. 彈性
- 多層級 vs. 扁平化
- 中央集權 vs. 授權
- 層級型 vs. 網路型
- 強勢 vs. 民主
- 法治 vs. 人治

有關組織的型態，當然有一些是比較固定式的，有一些則是具有彈性的，這個是跟任務有關係的。如果組織的任務是比較固定的，它就需要紀律；也就是說，做的事情是比較重複的，那個組織的型態就希望是固定的。但是，當組織的任務，因為競爭者及市場的原因，需要很多創新，去掌握一些新的機會；這種任務不斷地在變化的情形，可能彈性的組織會比較好。

一般組織的型態，大多是傳統層層（Multi-Layers）架構的組織，本身就是比較固定的；因為牽涉那麼廣、那麼多層，如果組織還要有彈性，就有它的困難度。這種層級組織的好處，就像一個軍

隊：從三軍統帥、總司令到士兵，一路
上有多少層。雖然是這麼大的一個組
織，但是因為他的任務就是打仗；只要
指揮官下一個口令，是不容許下面有自
己的想法，反正就是一個口令一直要指
揮下去，這樣他的行動可以一致。

　　當然，要有軍隊的這種效率，並不是很簡單
的，中間是有一定程序的；所以，平時的訓練，就
變得很重要。像我們當兵時，每天就是有很多的訓
練，來確認命令的貫徹能力；甚至於退伍以後，還
有預備兵的，幾個月或幾年定期會找來訓練。所有
的這些訓練，無非都是為了在真正有任務需要的
話，能夠達成上級所要求的使命。實質上，各級政
府的組織也是類似這個模式。

　　相對來說，企業管理就比較單純。實際上，在
企業裏面也有類似的模式，就是生產單位。一般生
產單位和其他單位的模式比較起來，生產單位的層
級是比較多的；這是因為它的工作是比較重複的，
所以我們希望組織的管理是比較需要紀律的。

另外一種方式，是屬於扁平化的組織模式；尤其在外在環境不斷變化的時候，扁平化的組織模式就更能顯示出它的好處。實際上，因為事情不斷地在變，所以事情不斷地要往下傳，要溝通、要快，以便能夠形成一個共識；這時候，當然層級愈少、愈扁平，效率自然就越高。我記得電視上有一個節目，一句話經過五個人傳播，每一層都打一個折，到最後可能都牛頭不對馬嘴了。

　　軍隊為什麼沒有問題？不妨注意：在軍隊裡面，當長官交代任務後，部屬還要複述一次，以確定溝通是沒有失真的。所以，就像我今天在講這些話，你再重複要把這個意思講給另外一個人聽的時候，可能已經失真了；所以，越多層，問題就越多了。在管理上面，甚至有時候只要是一個概念就可以了，反正意思到了，大家就照這樣做。但是，問題是，經過三、四層以後，可能原來的重心已經失焦了，很可能沒有傳達到重要的訊息；所以，愈多層，愈容易出錯。

　　雖然我有很多基本的原則是不變的，但是我對

很多事情是喜歡變的；因此，在宏碁內部，我們公司的同仁常常在開我玩笑說：你是龍頭，龍頭一動的話，我們龍尾就跟不上；因為，一路走到龍尾的話，龍頭又變了，實在是很累的。

實質上，如果以 1989年 的「天蠶變」為例：因為當時我們一方面在經驗不足之下，公司又一直快速成長，大概是一千多倍的成長；成長到最後，組織就很龐大。因為人員越資深，職位要越高，所以組織就一層一層往上掛。在「天蠶變」的時候，公司內部運作的主軸變了；在還沒有採取勸退之前，我們第一個變的就是扁平化：將組織的層級從過去的七層，砍到五層，中間少了兩層。這種扁平化的觀念，是管理裏面很重要的一個思考模式。

從客觀環境來看，不管從過去傳統的中央集權型態，到像宏碁強調分散式管理的授權（Empowered）模式；從傳統層級架構（Hierarchy），變成網路組織的架構；從比較獨裁式

的管理，到比較民主式的方法；實質上這些可能和產業的發展有關。也就是說，從工業社會變成資訊社會，到現在我們要面對的知識性的社會，這三個層次是不太一樣的；所以，所需要的組織及管理模式也會有所差異。

以組織的有效性來看，可能在工業社會就是要量產，所以從中央集權的方法，慢慢轉到要充分授權；因為任務、方向實在是太多元、多變化了。然後，從組織的層級架構，變成網路架構；從比較獨裁，變成比較民主；實質上，是跟外界的環境有關的。我認為以產業的需求來看，未來的方向是應該是朝民主、網路、授權的方面走；當然，一定有很多人不同意我的看法，還是認為獨裁會更有效的等等。但是，我個人認為，因為時代的不同，中央集權式的組織，未來應該比較沒有辦法長期有效地發展。

當我們討論到法治和人治的時候，首先要問到底要治什麼？如果說治固定的東西，用法治應該比較有效；但是，對那些還不存在的東西，法要怎麼

當我們討論到法治和人治的時候，首先要問到底要治什麼？如果說治固定的東西，用法治應該比較有效；但是，對那些還不存在的東西，法要怎麼去治？

去治？為什麼法令都跟在很多事情的後面，因為它沒有辦法事先去了解未來要管什麼事，因為事都還沒有定。所以，我個人認為法治管的都是屬於比較重複性的、比較成熟的、比較固定的東西；當然，公司的規章制度，就一條一條越來越明確地把它規劃下來。比如說，人員的升遷系統，就是要用法治。

社會中，最法治的就是政府的制度，但是，實際上並不是很有效的。所以，如果我們僅從片面的觀點，就去批評法治或人治，實質上是有缺陷的。我們應該是這樣講：如果組織越進步，他的事情做的是越多；所以，比較重覆的、簡單的東西，一定都很快速、很有效率的透過法治來運作。但是，他還保留一個空間，可以不斷地透過創新，透過人治的空間，不斷地往前，更豐富化、更創造性地去推動。

我認為一個組織應該採用這種混合的模式，完全人治或完全法治，都會有問題的。也就是說，完全人治沒有法治的話，做不了多少事情；因為，法治可能有一點是人治的化身。通常我們都把大家同意的方向，變成法治的規範。我認為「網路協定」（Internet Protocol）是法治的一環，對「靜態」的資料，非常有效。在網路裡面，千千萬萬的資料，同時發生，但是在一個重覆的規格裏面，可以創造出不同的結果，做不同的事情；而且能夠整合起來，變成一個新的虛擬的世界。

　　也有人擔心：「一個有彈性的組織」一不小心會變成「一個沒有章法的組織」，但事實上這兩者是完全不同的。「一個沒有章法的組織」是指做事的行為，沒有一定的原則，沒有一定的規範。同樣一個主管，因為時空、對象的不同，而有不同的做法。但是，一個有章法的組織，則行事都有準則，先跟規章制度；沒有規章制度，就跟企業文化走，這就是有彈性的地方。一般來說，到底有沒有彈性，要看一、層級。層級越多的組織，彈性越低。

二、規章。規章越多的組織，彈性越低。三、企業文化。企業文化越不能讓下面的人擔當，彈性越低。四、學習能力。願意聽，願意接受新的東西的組織，就是學習型的組織；組織的學習能力越低，彈性就越低。

# 建立成長導向組織的策略

- 領導者有願景
- 人才能在工作中養成
- 充分授權
- 內部創業
- 投資於未來

組織當然要不斷地成長，才能永續經營。所以，我們一定要思考，如何塑造建立一個成長性的組織。其中，當然有幾個關鍵的東西：首先是領導者要有這個意願，有這種想法；然後，他最好要有一個願景（Vision）。組織領導者的願景應該包含兩個方向：一個是人力如何成長。領導者一定要思考出一個策略，以達到育才、留才、募才的願景。

像宏碁剛創立的時候，我沒有資源、沒有錢，所以只能給「夢」；因為要留才，所以要想出發展的策略。我要他們入股，要把他們留下來，就需要有一個人力成長的道理：如何讓員工能夠成長？是

授權的模式讓他成長？還是教育訓練比較容易成長？用什麼方法能夠讓員工在工作中成長，應該是管理者的第一個願景。

　　管理者的第二個願景就是組織應變之道。今天我們已經事先了解組織非變不可，當然是三年、兩

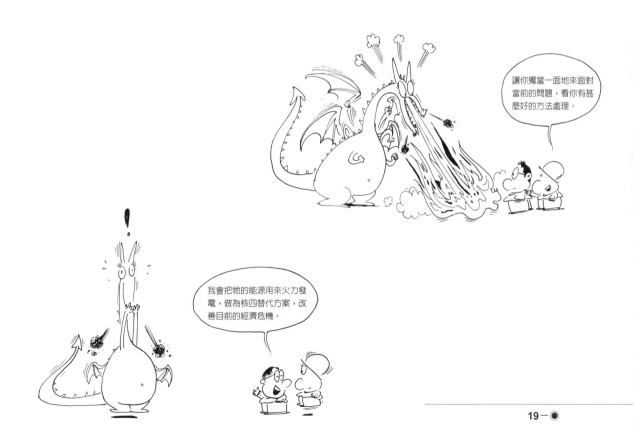

年、一年、或者五年一變，我們不知道；但是，如果領導者有一個願景呢，他就會完成應變之道。也就是說，我們已經知道組織遲早要變，所以，你在帶動或者設計組織的時候，就要使組織能夠變化；否則，到時候要變就很困難了。當然，有一些組織的願景就是不變的；但是，當你是一個需要常變的組織，卻又事事要先經董事會通過，才可以成立什麼組織，那就有問題了。

談到人才訓練的問題，從我個人的經驗，或者宏碁的經驗，都是透過授權，替員工繳學費，讓員工從工作中學習成功和失敗的經驗，這樣的在職訓練，是比較實際的。「群龍計劃」就是內部創業的理念所產生的，也就是讓他獨當一面的思考模式；當一個人會獨當一面的時候，他整個思考層次就會完全不一樣。所以，我們在不斷地訓練人才的時候，都是以獨當一面來做為考量；其中，當然授權是很重要的，內部創業也很重要，更重要的是要讓員工瞭解，他不僅是投資在公司的未來，也是投資在自己的未來。

所以，這個課程我的口號是：塑造的經驗。宏碁集團好幾年加起來的，是以兆為單位的經驗，是百億的教訓所得到的經驗；所以，這是我繳的學費，我投資到未來。今天我還可以在這裏，和大家分享那麼多心得，是因為我已經投資百億進去了，只是訓練我個人；當然，有很多是宏碁的同仁幫我花掉的。我輸的錢，也不是我自己在輸，大家一起輸的；但是，我是統合大家所輸的，都算我的帳。所以，我是百億的教訓，所訓練出來的；但是，因為我有投資到未來，因此我可以累積的很多經驗，我又有很多不同的看法，所以才可以應變公司成長的需要。

　　為什麼很多中小企業的發展，都會有瓶頸？我想最關鍵的，當然都是老闆沒有投資在自己。當然，我們也常常聽到很多的企業，尤其大型的企業，會有青黃不接的窘境：中間一層的幹部不見了；這個就是沒有一層一層地，對那些人做未來的投資。而投資未來，上課只是一小環，還是以授權，讓很多同仁獨當一面，是比較重要的方法。

# 永續經營的組織

- 成長導向
- 彈性
- 學習性
- 能不斷再造性
- 內部創業

　　一個組織要能夠永續的發展，當然要有成長性；如果組織沒有成長，很難保持好的士氣。反過來也是一樣的。軍隊、政府組織，不能成長，這時候一定要有很好的新陳代謝的制度；如果退休太慢的話，本身就是問題。因為，組織不成長沒關係，但是人要成長；組織的成長，是為了配合人成長。人不成長，就沒有辦法有士氣，或是安定下來。所以，如果我們對於成長沒有去規劃的話，本身就是一個問題。

　　彈性之所以重要，是因為整個客觀環境不斷地在變，所以組織必須具備彈性的特質，才可以讓組

織因應外在的變化，自行調整，而達到永續經營的
目的。

　　談到學習，就像每一個人要透過學習來成長，
組織是由多數人在一起所組成的，他也要學習，然
後才能不斷地發展組織的一些做法、流程。

　　因為再造是一種常態，所以一個組織也要
讓它能夠不斷地再造。另外，很重要的就
是創業精神：無中生有，不斷有生命
力，是讓組織能夠永續發展的基
本特質。

年輕有幹勁的可以
做為千里馬。

年長經驗老到的可以做為鑑
別千里馬的伯樂，看看牠是
否真能跑千里？

# 建立能不斷再造組織的策略

- 網路型組織
- 開放式溝通
- 安排共同利益
- 持續不斷地學習與改變
- 有願景的領導者

如何建立一個能夠不斷再造的組織呢？當然，網路的組織是比較容易再造的。實質上，企業不斷地再造是一個常態：成的時候要再造，敗的時候更要再造；只是成的時候再造的話，好像是組織的成長、組織的變化，沒有把它定義為再造。實際上，在組織不斷地發展的時候，就應該為了面對新的需而去再造。

在可再造的一個客觀文化環境，就是開放式的溝通（Open Communication）。這個時候，因為網路的組織，相對地比較有彈性；所以在溝通的時候，共識是比較容易形成，也比較快。另外一個就是再造的時候，網路組織的影響是比較少的，層級架構

的影響是比較多的。

　　溝通的時候，當然要解釋
再造的原因，我們新的方向是
什麼？我們的行動是什麼？這
些都要有很好的溝通。但是，

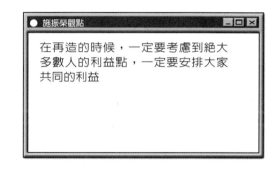

談來談去，我都同意了；不過，如果要對我開刀，
對我不利，我是不能配合的。通常，不能配合的單
位，又不能講清楚，一定會找一大堆很冠冕堂皇的
理由，讓你動都動不了。所以，在再造的時候，一
定要考慮到絕大多數人的利益點，一定要安排大家
共同的利益；也就是說，應該先考慮要變化的那些
單位的利益，先溝通清楚，讓他們安心。

　　在這個情形之下，平常不斷地學習，不斷地變
化，可能是企業在面對客觀環境時，很必要的態
度。宏碁有一個名言叫做「唯一不變的就是變」，
就是這種的精神；實質上，這裏面多多少少和每一
個組織的領導者有關。當然，從大集團的領導者，
到一層一層小組織的領導者，都應該對組織再造的
思考，要有一點遠見及想法。

我曾講過：要在資訊產業界要當二十四年的CEO（執行長），不是一件好差事，至少全世界現在沒有第二個人。為什麼我可以做到？真正的原因是，從組織的角度來看，包含我個人，我們一直都保持創業精神。

1986 年，宏碁成立十週年的時候，我甚至跟所有的同仁講：我們現在才開始創業。那時候，我們的規模在國內已經是領先了，但是我說我們才開始創業。我們不斷地在強調，我們才開始創業。但是，這句話不靈！為什麼？明明公司那麼大，怎麼算創業？所以，我們就乾脆就把公司割成好幾塊，每一塊都從頭來。就這樣，不斷地很多內部創業、無中生有，建立一個很基本的創業精神。

在一般規模比較大的公司裡面，大家都不願意承擔風險，尤其是一些承辦人員。但是，企業不承擔風險，就無法開創；因為只有透過風險，才能夠有效地學習。所以，我們如何鼓勵大家來承擔風險，以不斷地學習，是一個不容易的工作。此外，雖然宏碁一直強調再造、不斷地在變，實際上有很

多基本的理念，從公司創立第一天到現在，都是不變的。所以，你抓住幾個不變的原則之後，就能夠有辦法不斷地在改變。

# 宏碁的經驗：第一階段1976-1981

- 貿易與顧問
- 國內市場
- 各地公司的經營者持有該公司大部分股權
- 營收每年成長一倍

以下就稍微把宏碁在幾個發展階段的任務與組織，就大致上的架構描述一下。其實，我們每一個階段都在變，現在的組織已經是不同的組織了。

1976年，宏碁剛成立的時候，是希望從美國引進微處理機的技術，在台灣推廣；當時，我們的資源非常有限，所以我們只做貿易及顧問，替廠商設計產品，而且只針對台灣這個市場。但是，分散式的管理已經開始了，一些很重要、最基本的理念，在那個時候就已經出現了。

台中、高雄、美國分公司，都是當地的創業者佔百分之六十，總部佔百分之四十；在第一天，我們就已經有「各地公司的經營者持有該公司大部分

股權」（Local Shareholder Majority）這個概念。實質上，在那個時候已經具備了分工整合的概念。

我們在這個過程裏面，每年的營業額成長一倍。我覺得更重要的是，那時候雖然我們的資源非常有限，但是在我們賺錢的同時，也累積了微處理的技術及高科技行銷的經驗；建立了比國內其他花更多錢，有更多資源的公司，還要領先的實力。一般來講，你要學習這些技術及經驗，要花很多錢；但是，我們得到那個效益，卻所費不多。

# 宏碁的經驗：第二階段1982-1988

- 研發、製造
- 外銷市場
- 單一共同利益團體、多家運作公司
- 營收每年成長一倍

1981 年，宏碁正式進入新竹科學園區，開始做自己的研究發展。實際上，我們早期也做研究發展，但是替別人做的；從這個時候開始，我們才做自己的研究發展，做製造，並以外銷導向，這在當時是很重要的觀念。那時候我們做 Zilog 台灣的總代理，做得比 Intel 好；但是，做得再好有什麼用？你的市場在台灣，做不大。所以，我們開始將一些產品外銷到國外的市場。

$2^0 = 1$

$2^1 = 2$

$2^2 = 4$

$2^3 = 8$

$2^4 = 16$

$2^5 = 32$

$2^6 = 64$

$2^7 = 128$

$2^8 = 256$

$2^9 = 512$

$2^{10} = 1024$

同一件東西，理論上在外銷的市場，應該有台灣一百倍的市場；也就是說，任何一個東西，台灣市場大概是世界的百分之

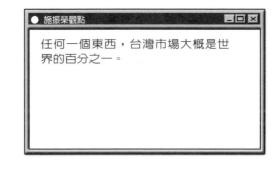

一。所以，有那麼廣大的市場可以借重，可以發展；這個時候，我們就面臨人才不夠的問題。為了突然國外的機會，遠超過台灣的機會，我們需要很多的人力來做這件事情，所以我們就對整個組織，做一個非常大的改變。

此外，當時台中、高雄的公司，也非常賺錢。因為各地公司的經營者持有該公司 60% 的股權，不過，人的成長超過公司的成長，讓當地的員工沒有發揮的空間；我們考慮到彼此的理念相近，就整個把他們合併（Merge）進來。台中、高雄的人就變成台北的股東，同時台中、高雄的人就調到台北來做幹部；我們另外再派比較資淺的人，或者提升當地資淺的人，來負責台中、高雄的公司。

在宏碁電腦上市之前，除了宏碁科技以外，我們又投資到科學園區的宏碁電腦，另外在桃園成立了明碁電腦；但是，這個組織和現在是完全不一樣。公司看起來好像很多，但是一個員工投資到宏碁，是同比例的投資在這三家公司；所以，實質上這三家公司，是當成一個公司在運作。雖然在概念上是三個法人，因為利益是一體的，因此也產生很大的效果：就人才的目標、利益、誘因，它是一致的，因此就很容易流通。所以，所有宏碁電腦的人才，明碁電腦的人才，幾乎全部都是從宏科出來，從外面找的是非常有限。

就整個人才能夠有效率流通的角度來看，如果說宏科早期沒有用這套方法，讓他的人事流動出來，沒有 Spin Off（衍生）這麼多的新組織；實質上，今天的宏碁集團是不一樣的。當然，大家很清楚是：「子比父貴」，「孫應該會比子貴」，因為一代本來就應該比一代強；當更有經驗、更有條件，再重新創業的時候，他的機會是更多

的。

　　其實，這種現象並不是常態；通常在日本、美國，不是這樣發生的。但是，在宏碁，我們認為這個很正常的；因為，當你的條件更好的時候，你在下一波要去創業的時候，看到的機會是更大的。所以，同樣的情形，也是高度的成長；我記得前十年的成長，每年是倍數的成長，從二的十次方來看，差不多是一千倍的成長。

# 宏碁的經驗：第三階段1989-1992

- 全球化運籌
- SBU 與 RBU 利潤中心
- 缺乏共同利益
- 缺乏共同的任務與使命
- 成長趨緩

---

1988 年宏碁電腦上市了以後，當然希望發動更積極國際化的運作。其實，我們在之前做外銷的時候，產品是已經到世界各處了，但是產品賣到國外不叫國際化；因為我們在做內銷的時候，產品也是從新竹科學工業園區賣進台灣市場來啊，不能說這個是國際化。這裏所謂的國際化，不但是人要派出去，舉凡公司的作業，企業經營的一些功能，像行銷、配銷、庫存、製造等等，都已經開始國際化。

那時候我從 IBM 禮聘劉英武總經理回來，協助宏碁國際化。劉總經理帶進了一個很重要的新的

觀念，將原本很大的組織，分成「策略事業
單位」（Strategic Business Unit；SBU）及
「區域事業單位」（Regional Business
Unit；RBU）兩種運作模式：RBU管
地區行銷，SBU管研究發展、製
造，這個是當時跨國企業的組織概
念。

　　SBU 及 RBU 雖然是同一個公
司，但各自是利潤中心的。等於對
總部來講，兩者是平行單位的思考
模式，這是當時整個組織的想法。這
兩種運作模式慢慢發展到最後的時
候，就發現雖然是做同一件事情，
一個做前端一個做後端，但是，
他們的共同利益很難去建立。
另外，他們也沒有辦法有效
地專注自己的任務，所以
整個成長就降低了。

實質上，我事後檢討，發現在一個很大的組織裡面，很大的目標，對同仁來講，好像比較模糊，比較無關緊要；另外一個更麻煩的是利益，每個人都會想：他的利益跟我有沒有直接關係？當時我們就發現，有很賺錢的單位跟不賺錢的單位，實質上在最後算總帳的時候，誘因（Incentive）的差異是不大的；所以這個跟我無關緊要的利益，更變成沒有太大的意義。所以，也造成了我們首度的虧損，甚至於有一年是勉強賣地來渡過難關。

# 宏碁的經驗：第四階段1993-1998

- 再造
- 主從式架構組織
- 21 in 21
- 1996 年前高度成長，之後開始趨緩
- 失去全球綜效
- SBU-RBU 架構無法有效競爭

---

1992 年開始，我們就進行再造；其中最重要的，是一個叫做「新鮮的速食式產銷模式」（Fast Food Business Model），希望能夠降低庫存。當時，我們剛推出來的時候，就有很好的效果，在市場上常常能夠推出比較新鮮的產品；但是，後來這個方法出問題了。原因是：我們在全世界同時設了大概三十幾個站，每一個站都要有專業人員，來有效地做庫存管理。因為個人電腦的關鍵，都是在物料管理，物料管理的好壞影響太大了；但是，物料管理本身有它的專業，我們沒有辦法在每一個據點都有很好的人才，當然點多了，處理不好反而造成庫存積壓。

當時，我們也產生了「主從架構」的經營模式，另外還搭配一個「21 in 21」的計劃。我們鼓勵每一個主從，不管你是主還是從，都是獨立的個體，都能夠上市，希望在 21 世紀有超過 21 家的上市公司。那時候的成長突然從本來是平平的，一下子跳到 50%、80%、60% 的年成長率；但是，三年之後，慢慢地就遲緩下來了。

除了 SBU、RBU 的架構產生了問題，另外因為每一個國家的 RBU 都是各自為政，就產生了總部沒有所謂全球策略：對一個產品、對一個行銷，總部沒有辦法貫徹一個全球策略。所以，整個集團的競爭力自然就降低了。

# 宏碁的經驗:第五階段1999-迄今

- 建立次集團
- 所有獨立運作公司重組全球事業處(Global Business Unit; GBU)的任務
- 網路型組織
- 家族、加盟、創投成員
- 預期將有高成長與高利潤
- 全球化的科技／產品,當地化的行銷／服務

1999年,我們又重新再造:主要是把越來越大的組織,轉成次集團的觀念;等於本來是宏碁集團,現在變成宏碁集團是虛擬的,然後以宏電集團、明碁集團、宏科集團、宏智集團、宏網集團等五個次集團,做為指揮中心。所以,新的概念是:把所有的 SBU、RBU 整合成一個「全球事業處」(Global Business Unit; GBU)。

本來是一刀切成一前一後,現在這一刀是一層一層的切,就是產品的上游、中游、下游。比如說,以產品來講,是完整的 Global(全球),是管End-to-End(端到端);同樣地,每一個公司也都是獨立的。因為要進入網際網路(Internet)時代,

竟然可以獨立的 GBU 有上百個、上千個。所以，面對這樣一個新的模式，當然我們也追求 21 in 21 獨立上市的機會。但是，這樣的組織，用主從架構就比較不合適。

以前的組織，就像電腦的組織，有主從的關係；現在是你不要管我大小，每一個端到端都是獨立的、完整的運作。就變成像是一個 Internet 的組織：每一個 Internet 掛上去了，都是一個完整的個體，就像是一個網站。所以，在這個時候，我不斷地在強調：所謂 Global Business Unit，我在給他一個正確的定義的時候，只談地理環境好像不太完整；因為，也可能說，GBU 只做台灣的業務，就是 Global，不一定要全球的市場才算。

這個 Global，是代表負全責的；公司的成敗，你就沒有藉口。以前 SBU 做不好，就說 RBU 沒有賣好；RBU 沒有做好，就是 SBU 的產品沒有競爭力。GBU 的意思，就是負全責；你要為這個企業的成敗負全責，這個叫 Global，這是我給它一個新的定義。所以，這種網際網路的組織，是我個人面對

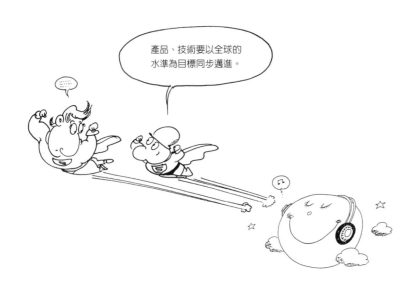

產品、技術要以全球的水準為目標同步邁進。

服務、行銷要拿出在地人、鄉親的地頭蛇看家本領。

台灣特殊的情況及未來整個網際網路經濟的情況，所提出的一些想法在領導者的眼界系列第三本書裡面，有詳細的說明。

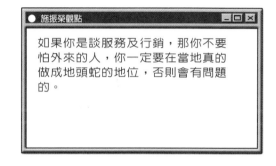

●施振榮觀點

如果你是談服務及行銷，那你不要怕外來的人，你一定要在當地真的做成地頭蛇的地位，否則會有問題的。

在這個過程裏面，就把傳統的集團的定義，從家族成員的，變成有加盟成員，也有創投成員等等。

我一直在重覆說技術和產品的思考點是全球，如果你在談服務及行銷，就要考慮到本地的需求。所以，也就是說你在談你的產品有沒有競爭力，你的技術有沒有競爭力，請比較是全球性的；如果你是談服務及行銷，那你不要怕外來的人，你一定要在當地真的做成地頭蛇的地位，否則會有問題的。

# 爲永續成長培養領導者

- 領導者應該先培養個人的成長
- 從新任務的挑戰中，不斷地學習
- 從經驗中學習、成長
- 不斷承擔負擔得起的風險
- 不留一手的領導

---

企業要不斷的成長，當然需要不斷地培養領導者；我自己當然需要投資，但是要培養一個領導者也需要投資。實際上，在一個企業裏面，有時候成長並不是只在單一的領域；比如說，我的技術不斷地在成長，實際上它的範圍是很廣的。尤其職位越來越高的領導者，在如何用人的部分，變成是很關鍵的。

所以，領導者能夠容下能力比他更強的人，是一個很重要的特質；領導者應該也能夠包容跟他意見不同、或是風格不同的人。如果在用人的地方沒有包容的雅量，雖然是有成長，不過成長到一個層次，就沒有辦法更上一層；所以，領導者一定要先

培養個人的成長。

此外，領導的另一個信念就是要給自己找一個新的任務。譬如說，沒有人培養我，我就自己培養自己：我給自己新的任務、新的挑戰，從經驗裏面去成長，不斷地承擔風險，否則沒有辦法成長。所謂「不入虎穴焉得虎子」，我想沒有風險的承擔，就沒有辦法有效地突破個人能力的限制。

當然，當你在培養人的時候，最好要有「不留一手」的企業文化及客觀環境。實際上，這個是代表兩個方向：一方面是在上位不留一手，形成那個文化，可以讓下面的人很快地進步；另外一個是環境，如果不留一手，三人行必有我師，還是可以互相學習，成長會比較快。

總結起來，我認為一個人要成長，必須要學習，再學習。要靠一、讀書；二、工作經驗；三、用心消化；四、執行；五、自我檢討。我個人認為自己檢討的能力比較強，事情做不好的時候，都可

● 施振榮觀點

在一個企業裏面，有時候成長並不是只在單一的領域：比如說，我的技術不斷地在成長，實際上它的範圍是很廣的。尤其職位越來越高的領導者，在如何用人的部分，變成是很關鍵的。

以檢討出是自己的問題；就算是你的問題，沒有把你管好，或者說部屬沒有把上司管理好，也是自己的問題。沒有辦法檢討自己，就沒有辦法更上層樓。而今天社會上太多人，最內行的都只是在檢討別人。

另外，要相信三人行必有我師。生活、日常上的點點滴滴，都要在無形中學習，並且很有挑戰性，成就感；這樣在看待週遭環境時，敏感度就比較高。

至於承擔風險以求突破，和穩健經營以求長久之間的分寸，應該如何掌握？關鍵在於：不打輸不起的仗；也就是說，任何一場仗，萬一失敗，不會影響大局。

不打輸不起的仗，是一種穩健，但只想穩健，而不去打仗，也不能長久。如果說穩健就是固守原來的業務和經營型態，那是沒有機會的。歷史上沒有任何公司，沒有任何人可以為了穩健而一直逗留不前，守住原來的業務而一成不變。穩健的定義應

該是：在自己能承擔的範圍內，不斷承擔風險，不斷突破、成長。這才是真正的穩健。

新創立的公司，可以輸掉自己的錢，但不要傾家蕩產，不要違法，最重要的是不要輸掉自己的信用。

# 成功的領導者特質

- 訓練更多的領導人
- 付託／授權
- 開放的溝通
- 使命、激勵、誘因
- 專注於關鍵的地方

一個成功的領導者有他的特質：首先，他必須能訓練更多的領導人；對我來講，有時候訓練更多的領導人，可能比把事情做好還更重要。訓練領導者的方法就是不斷地給他授權，幫助他達成任務，平常也要不斷地溝通；尤其職位高的領導者，一定會有很多的願景（Vision），很多的使命感、理念（Philosophy），很多的策略（Strategy），這些都是非常重要的東西，只能透過長期的相處，才能夠建立類似的模式。

在這個溝通的過程裏面，對於什麼是大家所追求的成就、使命，應建立共識的基礎，使所有的成

員感到有成就感、有參與感；當然，最後、最實在的東西，就是授權給他，讓他有權力做決策，讓他在承擔風險中成長。訓練人才除了精神上面要讓他成長外，物質上面也要能夠同步地成長；比較簡單的講法就是名利雙收：名是精神的，利就是物質的。也就是說，除了無形的使命感外，還要激勵它的士氣，並提供足夠的誘因，自然就會產生休戚與共的革命情感。

和人治、法治的概念一樣，領導者還必須專心在關鍵的地方；也就是不是關鍵的東西，最好都授權或者變成法治的一部份。不是關鍵的就用法治，不是關鍵的就有別人來幫你做；所以，領導者就可以把精力專精在比較關鍵的東西或比較新的東西上面。

# 一般企業最常見的問題

- 無法信任家族以外的成員
- 沒有培養新領導者的長期計劃
- 沒有投資於個人成長
- 有能力的員工離職，反而留下庸庸碌碌的員工

在一般的企業裏面最常見的問題就是：無法信任非親朋好友或不認識的人；沒有一個長期的計劃，來培養新的領導者；甚至於連替自己培養成長的能力都沒有。企業的成長並不是說買輛賓士汽車代步，或者有氣派的辦公室、請更多人；成長就是不斷地有新的挑戰、新的任務，就是要承擔風險。

很多企業的領導者都是在建立了基礎以後，只願意做他熟悉的、重複的東西；所以，他等於沒有介入新的環境、新的挑戰。重複的東西，初期是有利的，因為邊際貢獻（Marginal Contribution）會更高；但是它隱藏在背後的就是供過於求，對長期的發展一定是不利的。同樣的東西做久了，到最後投

資報酬率就會遞減。

　　一般來講，如果你沒有重視、培養人才的話，可能就不容易增加他們對企業的向心力。實質上，很多中小企業常常就發現，怎麼我培養半天的同仁、幹部，都是出去跟我打對台，留下來的人，反而都是一些庸庸之徒？企業的領導者往往會抱怨很多現在的同仁、員工，沒有向心力；這種抱怨，實際上是於事無補的。

# 如何實行成功的接班規劃

- 長期規劃、步步培育的方法
- 多位候選人
- 不管公司狀況好或壞，持續培養與分享經驗
- 新任務的挑戰
- 歸屬感與成就感

　　我們知道企業要永續發展，培養接班者變成很重要。但是，我們要如何是保証他是一個好的、值得培養的接班人？當然，培養接班者不是一天、兩天的事情，所以，第一個就是要長期的思考與觀察。在美國，人才很多，總統可以隨便換，CEO 也可以隨便換，隨便找一個就可以，很奇怪？我相信在亞洲因為文化、價值觀的問題，所以，你如果要走培養接班者這條路的話，一定要按步就班，一步一步地去思考。很多企業的領導者，因為兒子只有那幾個，傳給兒子也沒有選擇，風險就很大；為了降低風險，所以就要同時培養多位候選人。

　　實際上，現在在宏碁次集團當家的領導者，在

宏碁發展的過程裏面，有同樣條件的人有十個以上，都是能力那麼強，最後留下來的也一樣，到外面的也是很優秀；反正，你交給誰都差不了太多，你就是要有一班的接班者。同樣的情形，在美國的組織就有這個現象，有能力坐那個位置的人實在是很多，只是他剛好被指派是坐這個位置；所以，當我們在培養接班者的時候，應該儘量地多考慮一些候選人。

實際上，在美國一般的組織也一樣，最基本的候選人，大概就是跟他報告的這一層；那就是在日常工作裏面，眞正地就在做接班的安排。實質上，是從工作的經驗，每天發生的事情，都在進行交棒、接班的工作；就是把你的理念、對事情的看法，都是不斷地在交流。更重要的是在公司步入困境的時候，他跟你在一起，大家所形成的這些默契、共識，可能也是很重要的。

當然，你不斷地要給他一些新的任務，要安排讓他有歸屬感、成就感，這個是一個領導者要留意的。實際上，如果領導者的留人方法一切都只有靠錢，然後到最後又不給他真正的授權，說他不能作主，錢賺很多，不過不能作主，恐怕就很難能夠長期留下一個好的人才，好的接班人了。

# 21世紀的領導：e領導

- 了解新科技
- 在超分工整合趨勢中，將角色扮演好
- 開放心胸學習與應變
- 紀律與創新要平衡
- 專精與多元要兼顧
- 了解許多無形事物的價值

因為 21 世紀是 e 世紀，所以下一個世紀的領導者，我們就稱為「e 領導」（e-Leader）。實質上，因為 21 世紀是一個科技的世紀，所以 e 領導對科技不了解，當然是不行的；但是，要了解多少才算了解？反正一天就只有 24 小時，扣除睡覺的 8 個小時，身體要好一點，還要投資時間做運動，所以，每個人一天最多有 16 個小時，每一個人都一樣。在這麼有限的時間中，恐怕是只能掌握大方向，太深入的部分應該沒有絕對的必要去探究，讓專業的人員去傷腦筋好了；但是，絕對不要怕科技，否則沒有辦法有效地掌握科技的特質及未來的

趨勢。

實質上，對於非科技背景的
領導者，要有效地掌握、了解新科
技，是很難的事情；這也是為什
麼，高科技公司的 CEO，很少不
是科技出身的原因。主要的理由就

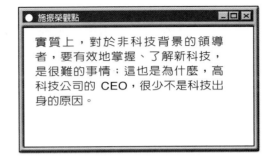

施振榮觀點

實質上，對於非科技背景的領導
者，要有效地掌握、了解新科技，
是很難的事情；這也是為什麼，高
科技公司的 CEO，很少不是科技出
身的原因。

是：高科技的公司有需要投資到未來的機會，比其
他的產業更多，比較沒有重複的經驗；例如房地產
業、銀行業，都是重複的比較多，所以我只要有以
前的經驗就夠了。

高科技的東西，你這一段做好了以後，已經沒
有什麼空間了，又要做新的；所以，就不斷地要了
解新的發展趨勢，因此也等於是投資在未來。當你
在投資時，什麼都不懂的話，最簡單的決策，就是
不投資，不投資的風險最低；這個也就是為什麼，
很多傳統產業要進入高科技是那麼困難，因為他實
在是抓不到重點。

所以，e 領導的第一個課題，就是要多了解高
科技；實質上，我不認為大學的背景會有絕對的影

響，還是屬於事後的學習。我覺得我現在讀的書，比在大學時期當然多了不曉得多少倍；不但是指投入的時間，而且相信我現在的領悟力，應該比以前更強。如果你要了解科技，本來就是在學校根本讀不到的，因此，你還是要一路一路地要往前。當然，有人說反正今天我還不至於介入生命工程的領域，那稍微接觸一下就可以了；但是，當有一天你有需要去多做接觸了，你可能就要對這個科技，有更多的了解。

e 領導的另外一個課題就是角色扮演：一個新的領導者在強調超分工整合的 21 世紀，沒有辦法讓天下所有的事情都讓我領導；所以，一定是這個組織的某個專長、任務、業務的領導者。如果我的所有業務人員都是要和別人配合的，我就要扮演好這樣的角色，在組織內部和外部配合的時候，做好的示範；所以，領導者不是領導的角色，而是領導整個團隊各個角色的扮演。因為領導者可能是一個配合者，而當其他配合者做得越好的話，會讓整個組織的運作更有效率；所以，好的角色扮演是領導

者很重要的一個特質。

　　要扮演好各種角色，當然要有開放的心胸，能夠學習、能夠變化、能夠溝通。此外，我記得前面我們討論很多有關創新（Innovation）和紀律（Discipline）的觀念，實際上，這個和人治、法治的討論也很類似，兩者都是要一些平衡。另外一個也要兼顧到平衡的是專精（Focus）與多元（Diversified）：e領導如果不專精的話，很容易垮掉；但是，只專精於目前的領域而不適當地往前往新的做，也會垮掉。所以，日子是不好過，尤其21世紀這樣的需求更多，越來會越不好過。

　　因為未來是一個無形的知識的時代，所以到底這些無形的知識值多少？我也講不出來。很難評估它的價值，但是e領導就要具備這個本領，對於看不見的東西，要能敢給一個對的價值，給它肯定；或者面對未來這些無形的東西，願意花錢去投資。所以，了解這些無形的（Intangible）東西，到底它的影響有多大，這些的能力就變成很重要。

# 總結

- 培養人才需要時間、預算與適當的環境
- 網路型組織較自然及持續，卻不易為大多數領導者接受
- 沒有成長的組織需要好的退休制度
- 組織架構應隨著領導者風格與業務種類而調整
- 組織需要不斷地再造
- 內部創業使得組織有活力

　　人才的培養需要三個東西：時間、金錢跟當事人的經歷、投入。當然，我們一定要投資時間及金錢提供一個客觀環境，但是，還要加上人才本身的投入與經歷；所以，絕對不可能用很短的時間，沒有投入足夠的金錢，就能夠很快學會了。

　　人性是趨向自然的想法的，管理則有時候是非常地違反自然，如果管理違反人性，硬是要把自然的東西變成大家不喜歡，結果就很累了。網路的組織是比較自然的，所以比較能夠永續的經營；至於

網路的組織（Internet Organization）是怎麼樣運作、怎麼樣想法，在後片的章節將有詳細的談論。

但是，網路組織要怎麼去管？不好管，因為沒有固定的模式；層級（Hierarchy）的組織就是很簡單，因為從小學到的，在很多地方學的，就是這種層級組織的模式。所以，當我有了職位以後，去管一個層級組織，好像是駕輕就熟，實際上是真的會嗎？不曉得。所以，一般傳統的領導者對於一個網路組織，其實是有所恐懼的。像我近年來績極推薦的「享受大權旁落」，當然就很難被接受；但是，我一定要說服大家，它是好處多多，以後可以有效地運用。

組織如果沒有成長，就要有很好的退休制度。實際上，不同的組織有不同的型態，這種型態是跟生意的特質，跟領導者的風格應該有關的，是需要隨之調整的；組織也需要不斷地改造，而建立一個容易改造的環境也是很重要的。內部創業是使得組織不斷地有活力，不斷地成長的重要的一個關鍵；

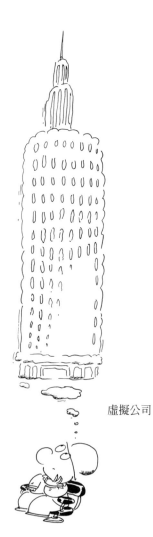

虛擬公司

當然，內部的創業可以用不同的模式，不一定說成立公司才叫內部創業，成立一個新的利潤中心（Profit Center）也叫內部創業。

實際上，既然在未來，所謂的實體（Real）和虛擬（Virtual）已經都混在一起了；所以，實體公司（Real Company）和虛擬公司（Virtual Company）都是公司，到底哪一個比較對？哪一個比較重要？這個也是 e 領導的一個很大的挑戰。因為說不定未來虛擬公司反而會變成主流，像「虛擬夢幻團隊」（Virtual Dream Team），可能是未來整個運作的主流；我還不敢完全確定，只是先提出來讓大家討論，我們的腦筋，可能不受過去的經驗所限制住，這是我對組織與人力資源開發未來發展的想法。

# 孫子兵法

## 九變篇

孫子曰：

凡用兵之法：絕地無留，衢地合交，覆地無舍，圍地則謀，死地則戰。途有所不由，軍有所不擊，城有所不攻，地有所不爭，君令有所不行。故將通於九變之利，知用兵矣。將不通於九變之利，雖知地形，不能得地之利矣。治兵不知九變之術，雖知五利，不能得人之用矣。

是故，智者之慮，必雜於利害。雜於利，故務可伸；雜於害，故患可解也。是故，屈諸侯以害，役諸侯以業，趨諸侯以利。故用兵之法：無恃其不來，恃吾有以待之；無恃其不攻，恃吾不可攻也。

故將有五危：必死可殺，必生可虜，忿速可侮，潔廉可辱，愛民可煩。凡此五者，將之過也，用兵之災也。覆軍殺將，必以五危，不可不察也。

※本書孫子兵法採用朔雪寒校勘版本

## 九變篇

**用兵之法：絕地無留，衢地合交，覆地無舍，圍地則謀，死地則戰。途有所不由，軍有所不擊，城有所不攻，地有所不爭，君令有所不行。故將通於九變之利，知用兵矣。將不通於九變之利，雖知地形，不能得地之利矣。**

　　帶兵之將，要看各種地形而採取各種變通之道。有的路可走也不走，有的敵軍可攻也不攻，甚至有的君令也有所不受。要知道變通之道的將領，才真正懂得用兵。如果光懂地形，而不懂變通之道，那就沒法發揮真正的地利。

從企業的經營而言，如果授權，從任務導向，達成任務的工具、方法，應該都可以變通。不能變的是：

企業的基本價值觀，譬如誠信、公私分明。

至於策略、目標，都是可以變通的。

在四面地形險阻之地，
易為敵所困，要速謀逃脫；

在後退無路的死地，
要拚力死戰；

雖遇到必可打
敗的敵人，但
集中兵力於其
他方面而不擊
之；

放過他
們，讓
他們走
吧。

雖屬應當經過的途徑，
但為達「以迂為直」的目的，
有的道路不要通過；

**是故，智者之慮，必雜於利害。雜於利，故務可伸；雜於害，故患可解也。**

孫子說：真正思考清楚的人，一定會善用利害的分析。從利的分析，可以幫忙達成一些任務；從害的分析，可以免除一些危機。

利害的分析，也就是命和面子孰重的分析。

一般人聽你說的時候，百分之九十九點九說是命重要。但實際上，百分之八十都是要面子而不是要命。

道歉，承擔責任，是解決問題最有效的方法。所以要給他下台階，讓他又有命，面子又不會丟太多。

另外，在商場上要說服別人的時候，與其曉之以大義，不如曉之以大利。

**故用兵之法：無恃其不來，恃吾有以待之；無恃其不攻，恃吾不可攻也。**

　　孫子說：作戰的時候，不要看對方沒有出兵的動靜就安心，要自己有所準備才能安心；不要看對方沒有攻打的跡象就安心，要自己做好防守的準備，別人根本攻打不下，才能安心。

明智的將帥在考慮問題時，必須同時兼顧有利與有害兩方面。

在不利的狀況中，考慮有利的一面，可以增強信念；在有利的狀況中，考慮有害的一面，可以解除隱患。

用種種方式使諸侯紛亂，內顧不暇；

因此，用諸侯害怕的事，用諸侯害怕的事，使其屈服於我。

再以利益去引誘，使諸侯歸附於我。

商場上，太多人的決策都受外部因素的影響。這不是活用這個道理與否的問題，而是心態和訓練的問題。機會永遠都在，但機會只留給強者掌握。

　　任何敵方都非控制在我的因素，所以為什麼要管對方的動靜如何？很多人在說「卡位」，不過，卡的是什麼位？有卡的條件了嗎？

　　所以我永遠覺得重要的是要如何氣長，如何保有人才。

用兵的法則是，不要寄望於敵人不會來，而要依靠自己有萬全的準備，嚴陣以待。

不要寄望於敵人不會進攻，而要靠自己有敵人無法攻破的力量。

將帥有五項最危險的事：

必死可殺，
必生可虜，
忿速可侮，
廉潔可辱，
愛民可煩。

故將有五危：必死可殺，必生可虜，忿速可侮，潔廉可辱，愛民可煩。凡此五者，將之過也，用兵之災也。覆軍殺將，必以五危，不可不察也。

帶兵的將領，有五個可能出現的危機：

抱著必死的決心的話，不免當眞陣亡。

貪生怕死的話，不免被俘虜。

脾氣急暴，不免被侮。

處處講究廉潔，不免被辱。

事事講究愛民，不免被煩。

有這五個毛病，是將領的過錯。

企業領導者，也可能有類似的過錯。

命能保住的話，就不怕死。怕死，怎麼入虎穴？

　　脾氣不能暴躁，因為商場上更多變，更多樣，更要冷靜。戰場上，大部份仗是非打不可，商場上，大部份仗卻可以不打。

　　廉潔、愛民，要做，但不要講。講得太嚴重了，一旦出現瑕疵了的話怎麼處理？每個人都有期待，那不是疲於奔命？

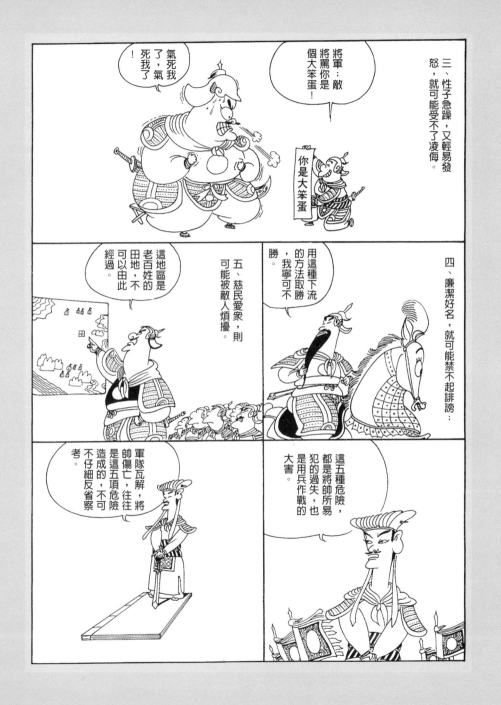

# 問題與討論
# Q&A

# Q1 一個非科技背景出身的人，應該如何掌握科技的變動？高科技公司裡，如果有非科技背景出身的CEO，又是什麼情況？

A

讀不讀科技，和有沒有科技細胞，是兩件事。讀了科技，不代表懂了科技。在大學讀那麼五、六年的科技，和出了社會所面臨的科技，不能相比。不過，還是要懂科技，懂，才會知道其中的一些要點，有 Guts Feeling。

如果你是一個懂科技的 CEO，那麼你下面的團隊可以在你的指導下前進。如果你是一個不懂科技的 CEO，如果下面的團隊很能分析，讓你有清楚的抉擇選擇，當然很好，可是讀科技的人往往看得比較片面，沒法全面分析，所以依賴他們分析，比較有問題。

如果是成熟科技，主要靠營運為主是一回事；如果是尖端科技的開發，又是一回事。技術和營運行銷需要平衡，但是到一個階段之後，技術還是要有其視野。這也可以看看蘋果電腦的例子。蘋果電腦當初找史考利來，就是重視其營運和行銷，但是經過一段時間後，還是又把史蒂夫‧傑伯找回來了。

## 領導者應有德、有才、有容，這三種特質在你心中的優先順序是怎樣？

管理是一種藝術，沒有一定的定論；但是有一定的是：如果從長期來看，這三個特質都要具備，如果以考試的成績來定，三個都至少要達到所謂 Good 的等級。如果是 C、D 的，就不要談了，總是要有 B+、B、A- 以上；到底哪一個是 A？也沒有絕對。因為，隨著時間的不同，產業的不同，團隊的不同，都可能在某一段時間裏面才能最重要的，很可能是說以德服人最重要，或者你夠包容不同的意見，只要能夠打贏這場仗，都可以是最優先的；但是，三個一定要齊，到一個水準之上，否則，短期能成，長期一定有問題，不可能成功的。

因為，打仗的時候，當你缺一環的話，要更上一層樓，那一環就是你的致命傷；所以，你要能夠沒有致命傷才是關鍵。這三個東西，不管你的才能、你的品德、還有你的包容，都一定要有一個水準以上，一定都要兼顧。反過來說，隨著事情的不同，一概而論就會有問題；因為事情的不同，重點自然就會不同。

當它是一種重覆、沒有什麼變化、要以效率為主的時候，就是要講理，趕快變成法制，才能夠有效地運作；但是，當他碰到 R&D（研發）的人，他要創新，異想天開的時候，你跟他談法制就很累了。

所以，一個人實質上就是情理法還是兼顧的，任何一個階層都是如此。只是在基層的人責任很輕，他也不要去談法；因為，法由上面去訂，他只要守法就好了。然後，他的情也沒有什麼好衝突的，有什麼情可以談？所以是兼顧。只是在每一個階層，他的權重或者他的挑戰就不同了；越高層的人，三者之間的複雜度，以及它的重要性是越高的。

我在宏碁在私人層面，我很重情，但是，我在為公司的事情時，是六親不認的；理由很簡單，情是最容易的藉口。所以，我唯一的辦法，就是讓你沒有藉口，你根本拿我沒有辦法；甚至於，為了顧大局，在我旁邊的人，升遷反而是比較慢的，但是，我總是會有其他方式來照顧他們。

因為台灣社會的客觀環境，會產生這樣一個問題：今天，兩個人的能力差不多，或者我比不過你，不過，沒升我的話，就一定是說他有什麼關係，閒話就很多了；我把這個都想過了，儘量不要讓這個問題造成困擾。實質上，管理真的要管好，就有這麼多的藝術，情理法的有效地運作，就是一個藝術的運作程序，是沒有定論的。

## 在您身邊的人升遷較慢，您要如何留住他們？

事實就是這樣，大家都喜歡到外面去打仗，我在總部的幕僚很少，結果就是這樣；不過，雖然你犧牲了身邊的人才，但是他到外面去打仗，也是為我做事，只是距離遠一點；但是，他還是在建功，對我而言，還是我的事。

如果你只信任旁邊的人，就有問題，應該信任所有的人；我們每天在很多報章雜誌看那麼多的前車之鑑了以後，為什麼自己還是不小心運作？為什麼要跟人家一樣呢？一樣就會陷入同樣的問題。

**Q4** 領導者要會用比自己強的人，但實務上常發現這種人容易自我膨脹、不容易與人相處、協調，要如何處理？敢用比自己強的人，實際上應該是更強的人？

我想第二點是絕大多數的都是這個結果，因為只有願意用比自己強的人，實際上他才會更強。理由是，什麼叫做「強」？強也沒有定義，是技術強？談判強？還是身體強？本來企業管理就是那麼廣泛，今天你用比你強的人，就算各方面什麼都比你強，不過，他為你所用，你用人就比他強；所以，當領導者真的要不怕人家比你強。

我不斷地在鼓勵下面的人說：你們能力比我更強。理由很簡單，同樣的年紀，你現在要做的事情，比我以前做的事情多的多；這個都是事實，他是不是比我強？我用這個做比較。所以，同樣的年紀，他比我強，這個也一定絕對是正確的；他很高興對不對，實質上就是如此。只是說，到那個年紀的時候，世界又變更大了，我也走在更前面了，大家就相安無事嘛。

第一個問題是說，你如果讓一個比你強的人，能夠胡作非為，好像可以自我膨脹的話，就表示你的管理有問題；接班人必須是一堆，不能只靠一個人。那種情形都是當領導者，沒有做適當地掌握，我們不太可能讓這種事情發生的。今天，我們在用人，我們全心全意來培養；而且，不怕他在某一個領域裏面比我更強。在這種情形下，你給他機會，原則上，他會替你效命；當他爬到你的頭上，當你的老闆，他會不會禮遇你？如果今天對能力比我強，有當部長潛力的人，我天天跟他過意不去；強者是壓不住的，他被你耽誤了，他到別的地方，還是當部長了，到時候就有的看了。

所以，你當人家的主管，你怎麼來盡好這個責任，好好去照顧這些人才，它的好處才是多多。所以，如果你有本領而下面的人要推翻你的話，除非你真的沒有照顧他，如果有照顧他而被推翻的話，這是萬一的機率，很意外也是少數的，那就認命了；天下很少這種人的，如果碰上了，那就認了。

## Q5 宏碁集團接班的人很多，是不是表示接班的時機還沒有到？

A 我前面講的不是說接班的人，現在有十個；我是說，今天在宏碁次集團的負責人，在十年前，他的同事中，同樣具備這個能力的，有十個以上。慢慢有的因為志向不合，或者自己要創業，或者要到美國去等等各種不同的想法，而離開了；實質上，留下的這些人，接班已經底定了。

因為，未來我已經把宏碁集團變成一個「虛擬」（Virtual）的組織，在這個虛擬的組織，我是沒有太多的事情可做的，所以，我的工作可以很容易地被取代；也就是說，所有的實際運作都是次集團的，所以，現在是已經底定了。

然後，整個集團的運作，將來是用委員會（Committee）的方式，是輪值當主席的；所以，變成是一個團隊來取代我，不是一個人來取代我，我也認為沒有必要找一個人來取代我。因為，現在如果用次集團做為繼續營運、發展的重心，就不必有一個集團的家長。

管理往往就是因為太多人發展了一些自己的想法，像皇帝的一些想法；所以，寫歷史的，寫管理的人就把它整理出來，那一些都是違反自然法則的，只是個人的想法。今天，我在思考這些問題，就是以自然、能夠生生不息的環境，來看管理，讓它能夠生生不息傳下去；所以，只要你覺得退休的時候到了，人家不理你也沒有關係，你要有這樣的想法，不要是說自己要求萬萬歲，問題就結了。

**Q6 您認為好的領導者是與生俱來的還是可以慢慢培養的？**

A 我想實際上兩種都是對的。也就是說，領導者當然有他的天份，問題是有天份的人不是百中選一，而是百中有十個人有機會有這個天份。是因為沒有環境，所以另外九個就不當領導者；如果有一個環境，另外那九個也會是領導者，差異就在這裏。因此，你在經營一個組織的時候，就儘量來提供那個環境，把那些有天份的人，越多越好，都當成領導者；所以，自然接班人就很多。

實質上，領導者最大的任務就是訓練領導者；因為，領導者可以做更多事情，所以，你對社會、組織最大的貢獻是這個。如果你把全部的功夫只傳給一個人，或者權力只傳給一個人，這個是不是最正確的判斷？從這個角度來考量，我是希望改變一些想法，就是說我們要盡力而為。

我今天在這個位置，當一天和尚敲一天鐘，我這個鐘裏面就是訓練人才，訓練領導者是我很重要的任務。我一定要樂觀的是，不是都是孺子可教。如果領導者是天生的話，你在裡面就沒有貢獻；如果自己變成沒貢獻，那我存在的意義又在哪裏呢？就乾脆不要我！所以，我為了肯定自己的價值，當然要說領導者是可以訓練的。

## Q7 在大陸經營企業，有關人力資源管理運作，應注意那些事項？

我想現在不僅是兩岸在政治互信的基礎有問題，企業在用大陸的人，大概最大的瓶頸還是互信的基礎；但是，反過來，如果沒有互信的基礎，幾乎就沒有辦法有效地運作。因此，雖然客觀環境信心不是很夠，但是，應該有所謂善意的回應；尤其我們是比較有條件的一方，有條件的是我們到那邊去投資，有條件的一方，一步一步的多付一點信心，到當地培養人才。因為，如果你不培養人才，長期運作下來，一定是沒有什麼效益的；所以，你不得不要先積極一點。

反過來說，當你很有條件的時候，你可以忍受他所不能忍受的風險；所以，我們的信心，應該要多付一些，然後慢慢地就授權、培養當地的人才。萬一不行，一次認了，二次認了，當然一定要「死」不了的，就是認了；看看從這個經驗中，能不能學習更多。有時候，甚至要用苦肉計：我這麼相信你，你還不能善待我？慢慢地能夠掌握整個組織；否則，你在大陸的發展，要如何有效地運作？因為，沒有人，你就沒的談了。所以，今天在這個策略上面，如果要長期地運作，我覺得我們在心理上要這樣思考。

# Q8 夫妻若要共同創業，應注意那些事項？

一個組織一定有人做主，所以，公司的事情一定要先確定由誰作主。我們看到很多案例就是，兩個都是主的話，就有問題了。因此，像我跟施太太，她做事我絕對安心，因為可以信的過；但是，她不是我授權給她的，她撈過我的界了，我當然覺對不高興，一定會跟她吵。因為，如果不把這件事情擺平的話，整個組織就無法管理了，因為夫婦同在一家公司，會產生兩個老闆的問題。

當一個組織有兩個老闆的時候，很簡單，我也舉過例子，不要說同仁，連你的兒子，都要挑撥離間兩個人的關係；所以，企業有兩個老闆的時候，所有的部屬都在看兩個老闆的臉色，然後就找空隙，使得你不吵架也不行。所以，這是最主要的問題。

我覺得只要把這個處理好的話，夫妻同心，等於是一個團隊；組織就是要有一個團隊，至少要有一個很有默契的夥伴。因為團隊的信任是很重要的，你放的下，就是可以放的下心；因為那麼多事情，反正打這場仗你已經替我打了，不會出紕漏了，那我的精力就再打另外一個戰場，創造更高的效益。

## Q9 假設宏碁集團以後沒有一個大家長的話，若次集團彼此利益不一致的時候該怎麼辦？

A 我就希望在我退休之前，能夠建立一個機制：把屬於要大家長管的事情，盡量地減少，而且都能夠法制化；然後大家約法三章，在發生問題的時候，透過委員會來解決這些問題，或者再重新立法。因為平時的運作，都已經在次集團了；所以，希望這樣做可以發揮次集團的潛力，讓大家都有一片天，自己去發展。

萬一有人要鬧獨立了，不遵守這個法令的，我也覺得沒什麼關係；因為，只要股東大會決議，不叫 ACER 就好了，總是有人會留下來當 ACER 就好了，我也不在乎。本來一個皇帝求萬萬歲是求不到的，一個企業求百年、幾百年求不到；因為一層一層，你過去了以後，下面會怎麼樣，跟你有什麼關係？你也不知道，已經過去了。以企業而言，那時候所有的股東及員工，他們的最大利益是最重要；而他們的利益由他們來決定，你為什麼替他決定呢？事關他自己的前途，讓他決定他自己未來應該怎麼發展，這樣是不是比較有道理一點！所以，這裏很多的自然法則，我們最好不要反其道而行。

# Q10

宏碁是不死的變形蟲組織，不斷地發展；變形蟲雖然不容易被消滅，但卻很低等，你認為該怎樣自我提升？

A

過去，我曾把宏碁的組織塑造成有組織的變形蟲組織，比較有組織性；實際上，你看宏碁集團裡面的每一個個體，就像變形蟲。因為我們在台灣，要追求一個世界知名的 ACER，這是大家的使命；所以，我們共用一個品牌，讓他變成世界級的企業。因為，外面的人看了，雖然有一點點搞不清楚宏碁是在幹什麼；不過，我們的目標是什麼？「Acerware everywhere」不是只有產品，包含管理，ACER 的東西到處都是。

在這個在世界上，這個新的組織，經過十年、二十年的運作，突然可以變成高等動物的時候，可以在世界上跟人家平起平坐，是我們努力的目標。今天，以台灣的客觀環境，要用傳統的模式達到那個境界，我認為是不太可能的；所以，我為了要讓它變為可能的話，一定要想出新的方法。這個方法到目前為止，我是信心滿滿，一定

會一步一步地達到。

因為，我們有一個特色，就是時間長、有耐心。美國企業有那一個CEO，要為幾十年後的事情在想？美國的企業都是比較短視的；日本的企業當然想得很久，不過他是老法子，都是原來的做法，不會隨著時代的變化而改變方法。所以，我覺得宏碁的這個網際網路的組織型態，應該有機會成功。如果這個是一個新的理論，一個學說，一個論派，只有越多人參與，越多人去實驗，才會越成熟；因為，這裏面一定有很細很細的東西，現在只是一個概念性的東西。

# Q11 您遴選與培養經理人的標準是什麼？宏碁目前是否有實行 360 度全員評估？您對全員評估的看法如何？

宏碁當然在實驗三百六十度的全員評估，但是，沒有像土法鍊鋼那麼熟練；所以，績效還有待再進一步地觀察。我們不斷地從人力開發的這些理念著手，外面的一些東西我們也儘量去了解，然後，我們也儘量去應用。實質上，如果我有時間，我都希望參與；然後要消化過，再來跟專家談我想要調整成什麼樣子。

就是保持它的精神，但是為了要讓它有效地應用，我認為應該如何調整，我大概會經過這個程序。但是，現在因為事情那麼多，可能有很多制度引進來，都已經在推了；但是，推得成效怎麼樣？真的很多事情，我也沒有辦法管得著了。

第一個問題是和人的特質有關的，要培養怎麼樣的人？實質上，是什麼人都可以培養的。如果我們從另外一個角度來看的話，你有什麼選擇？當然，你事先面試的候，可以做一個選擇；但是，你能夠選擇多少？旁邊的人有多少是可以選擇的？因為，你的選擇只是根據書面或者什麼資料在下判斷的。

反而是你跟他共事的那個過程裏面，你怎麼樣很誠心地跟他在一起，把很多事情做充分地溝通，很多經驗做充分地交流；從這個角度來做為一步一步要授予重任的過程，這個只有靠時間來培養。然後，他有信心了、默契夠了，你就越放越多，這樣自然地慢慢地就形成優秀的經理人才。

實質上，我能夠介入的也許都是早期，可能掌握的到的只是百人左右而已；因為，你為了要尊重一層一層的權力，不能把他的權力剝奪，直接跳過去來決定人事。所以，很重要就是說你如何影響下面的領導者，也能夠用比較會用人的方法，繼續用下去；就是會訓練人，會用人的模式。

但是，在一個組織裡面，這種模式會斷掉；就像企業文化，一直傳傳到某一個組織，這裏很強，那裏很弱，都是一個中階主管，到某一個主管，他整個斷層掉的，這是避免不掉的。我覺得實質上就是這樣，也沒有什麼特別地先見之明啦。

## Q12 在宏碁次集團彼此是否會因某個領域事業比較熱門，而造成搶食情況？如果有，該如何解決？

A 這個問題還沒有問到說，要不要有「優生學」？因為，我現在發現生小碁的速度有一點太快了；所以，應該有一個優生學的概念。我們也注意到這個問題，也在研究要怎麼樣有一些控制。但是，這個生下來的小碁就是要養，有一些責任；我們是透過組織的運作，讓所有的小碁，都能夠比較健全地，比較有效地發展。

比如說，我們曾經看到有的公司並不是很理想，也要上市；所以，我們的決策委員會，就開一個會，讓所有要上市的公司，都要我們這邊通過。我們不僅是看績效，更是從很多角度來看：會計的品質、管理的誠信等等這些基本的信念，來思考小碁應該加強的地方在哪裏？我們從這些角度來看我們的小碁。

到目前來講，因為每個次集團都有自己的領域；現在唯一不清楚的，就是和網路及創投的業務有關的部分。雖然大家都要做創投，不過，以宏碁集團來講，靠創投來賺錢的，只有一個叫「宏智集團」。也就是說，管理創投業務而且是有名份的，只有一個；如果有「私生子」，我實在管不太著。萬一，私生以後很優秀的話，我們當然可以認他；不過，我想很多事情就讓他很自然地發生，因為人性是無法完全禁止的。

我們今天當然講得很清楚；今天就是這樣，就是只有宏網是管網路的服務，宏科是管大中國的市場；如果在業務上有衝突的話，兩邊誰主導事先約定，然後大家來主導。只要有人在這個範圍裏面撈過界了，我們就認為他是私生的，理論上他是沒有辦法變強的，因為沒有名嘛；但是，萬一他長得又很好的話，當然就可以認了。

大概是這樣一個模式：事先有規劃，事後再說啦，中間也會有一些協調。當然，隨著時間的演變，我會開會，和他討論這些方向的問題；因為我很少在公司裡面講重話，大家聽到我稍微有一點顧忌的話，他們大概都會比較小心一點。

# 附 錄 1
## 施振榮語錄

1.

在智慧財產的四個類別當中，專利是要保護發明的觀念；而著作權則是要保護表達的方法。


2.

在全世界個人電腦發展過程中，日本電腦業是唯一沒有採取「透通性」作法的特例，他們獨樹一幟地發展特殊規格的電腦，這個作法讓他們贏得日本市場，卻輸掉了全世界，可以說佔盡便宜也吃足了虧。


3.

企業塑造創新形象的最佳時機，莫過於推出有力的新技術或產品的時候。


4.

塑造企業形象必須有心，持之以恆地透過各種有吸引力的、有新聞價值的訊息，不斷反映同一個形象。


5.

塑造企業形象必須靠長期策略；而在國際間塑造形象，更需要縝密的策略思考。


6.

提升台灣企業的形象，要從重建台灣企業的形象做起。第一件事，就是要賦與台灣新定位。

7.

任何一個社會，有條件的人就必須犧牲付出，而最有條件的無非是政府和企業，但現在我們的社會卻是有條件的人想佔有更多。


8.

很多人認為，自創品牌是大公司的專利，但在我的想法裡，自創品牌的成敗與公司規模並無太大關連。


9.

在企業發展的過程中，是不可能永遠沒有困境與錯誤的，因此，最重要的是，要盡量確保企業在困境中平穩渡過的能力。


10.

自創品牌是一條艱難的路，路程遠、回收慢，但卻是打通行銷瓶頸的重要關鍵。


11.

自創品牌是長期工作，不是非賺即賠的買賣，所以不能孤注一擲。它就像長程賽跑，最終目標是要到達目的地，而不是追求瞬間速度，所以必須運用策略調配速度。

12.

自創品牌有幾個要件：訂定階段性目標、看得遠、出發得早、小碎步前進、體力不濟立刻稍作休息，最最重要的是，絕對不要放棄。

13.

在一般狀況下，企業從事製造，本錢一塊錢的產品大約可創造五到十塊錢營業額，但跨入行銷的初期，因為信用膨脹，一塊錢可創造十到二十倍營業額，表面上看來，成長並非難事。但若沒有相對建立管理能力，企業迅速膨脹卻虛有其表，便會開始出現品質不良、庫存積壓等問題，然後資金周轉變慢，經營效益也開始變差。

# 附 錄 2
## 孫子名句及演繹

1.
兵有：走、弛、陷、崩、亂、北。
凡此六者非天地之災，將之過也。

2.
勢均而以一擊十，曰走。

3.
吏強卒弱，曰弛。

4.
六吏怒而不服，遇敵懟而我戰，將不知其能，曰崩。

5.
將弱不嚴，教道不明，吏卒無常，陳兵縱橫，曰亂。

6.
將不能料敵，以少合眾，，比弱擊強，兵無選鋒，曰北。

7.
吏弱卒強，曰陷。

8.

能以上智為間者，必成大功。

9.

先知者，不可取于鬼神，不可象于事，不可驗於度；必取于
人，知敵之情者也。

領導者的眼界 **11**

如何激勵一個夢幻團隊
培養人才的條件與環境
施振榮／著・蔡志忠／繪

責任編輯：韓秀玫　　封面及版面設計：張士勇
法律顧問：全理律師事務所董安丹律師
出版者：大塊文化出版股份有限公司
台北市105南京東路四段25號11樓
讀者服務專線：080-006689
TEL：(02) 87123898　FAX：(02) 87123897
郵撥帳號：18955675　　戶名：大塊文化出版股份有限公司
e-mail:locus@locus.com.tw
**www.locuspublishing.com**
行政院新聞局局版北市業字第706號
版權所有　翻印必究

總經銷：北城圖書有限公司
地址：台北縣三重市大智路139號
TEL：(02) 29818089 (代表號)　FAX：(02) 29883028　9813049
初版一刷：2000年12月
定價：新台幣120元
ISBN 957-0316-47-0　　　　　Printed in Taiwan

**國家圖書館出版品預行編目資料**

如何激勵一個夢幻團隊：培養人才的條件與環境
／施振榮著；蔡志忠繪.—初版. — 臺北市：
大塊文化，2000[民 89]
面；　公分. — (領導者的眼界；11)
ISBN 957-0316-47-0　(平裝)
1. 組織管理 2.領導論

494.2　　　　　　　　　　　　89018526

105 台北市南京東路四段25號11樓

# 大塊文化出版股份有限公司　收

地址：_____市／縣_____鄉／鎮／市／區_____路／街_____段_____巷

弄_____號_____樓

姓名：_____

編號：領導者的眼界11　　書名：如何激勵一個夢幻團隊

# 讀者回函卡

謝謝您購買這本書，為了加強對您的服務，請您詳細填寫本卡各欄，寄回大塊出版 (免附回郵) 即可不定期收到本公司最新的出版資訊，並享受我們提供的各種優待。

**姓名：**　　　　　　　　　　**身分證字號：**

**住址：**＿＿＿＿＿＿＿＿＿＿＿＿＿＿＿＿＿＿＿＿＿＿＿＿＿＿

**聯絡電話：**(O)＿＿＿＿＿＿＿＿＿＿　　(H)＿＿＿＿＿＿＿＿＿＿

**出生日期：**＿＿＿＿年＿＿＿月＿＿＿日　**E-Mail：**＿＿＿＿＿＿＿＿＿

**學歷：**1.□高中及高中以下　2.□專科與大學　3.□研究所以上

**職業：**1.□學生　2.□資訊業　3.□工　4.□商　5.□服務業　6.□軍警公教
7.□自由業及專業　8.□其他＿＿＿＿＿

**從何處得知本書：**1.□逛書店　2.□報紙廣告　3.□雜誌廣告　4.□新聞報導
5.□親友介紹　6.□公車廣告　7.□廣播節目8.□書訊　9.□廣告信函
10.□其他＿＿＿＿＿＿

**您購買過我們那些系列的書：**
1.□Touch系列　2.□Mark系列　3.□Smile系列　4.□catch系列　5.□天才班系列
5.□領導者的眼界系列

**閱讀嗜好：**
1.□財經　2.□企管　3.□心理　4.□勵志　5.□社會人文　6.□自然科學
7.□傳記　8.□音樂藝術　9.□文學　10.□保健　11.□漫畫　12.□其他＿＿＿＿

**對我們的建議：**＿＿＿＿＿＿＿＿＿＿＿＿＿＿＿＿＿＿＿＿＿＿

LOCUS

LOCUS